INDICE

1. Introducción.
2. Clasificación de los factores de la coagulación.
3. Activación de la coagulación.
   - 3.1. Vía intrínseca.
   - 3.2. Vía extrínseca.
   - 3.3. Vía común.
4. Factor I o Fibrinógeno.
5. Factor II o Protrombina.
6. Factor III o Tisular.
7. Factor IV o Calcio.
8. Factor V o Proacelerina.
9. Factor VII o Proconvertina.
10. Factor VIII.
11. Factor IX.
12. Factor X.
13. Factor XI.
14. Factor XII.
15. Factor XIII.
16. Factor de FitzGerald.
17. Factor Fletcher.

18. Factores inhibidores de la coagulación.
    18.1. Flujo sanguíneo.
    18.2. Eliminación de la circulación de los factores activados.
    18.3. Factores bioquímicos.

FACTORES DE LA COAGULACIÓN

INTRODUCCIÓN

La Coagulación es una fase de la hemostasia.

Se define la hemostasia como un conjunto de mecanismos fisiológicos o naturales de que dispone el organismo para hacer frente a una hemorragia.

Fases de la hemostasia:

1.- **Hemostasia primaria:** su finalidad es la formación de del trombo plaquetario, debe contener la hemorragia mientras se produce la coagulación.

2.- **Coagulación:** sobre el trombo formado de plaquetas en la hemostasia, se forma una red de fibrina que atrapa a todas las células que intentan pasar, formándose un coágulo.

Si este coágulo se desprende y pasa al torrente sanguíneo se denomina émbolo.

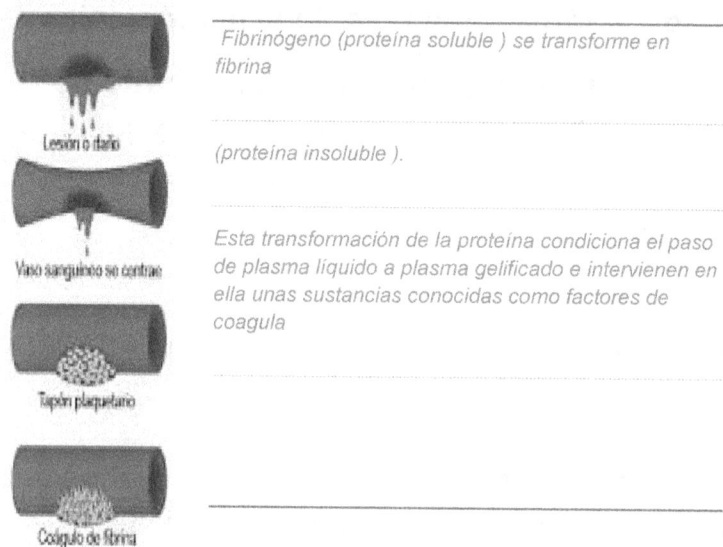

Fibrinógeno (proteína soluble) se transforme en fibrina

(proteína insoluble).

Esta transformación de la proteína condiciona el paso de plasma líquido a plasma gelificado e intervienen en ella unas sustancias conocidas como factores de coagula

3.- Fibrinólisis: es el proceso de destrucción del coagulo, a los 2 o 3 dias.

Esto se produce por la transformación del plasminógeno en plasmina, que hidroliza la red de fibrina y origina productos de degradación del fibrinógeno y fibrina (PDF), X, Y, D y E.

Para la transformación de de fibrinógeno en fibrina se activan en cascada una serie de proteínas que circulan por el torrente sanguíneo inactivadas: los factores de la coagulación, se activaran cuando sea necesaria la coagulación.

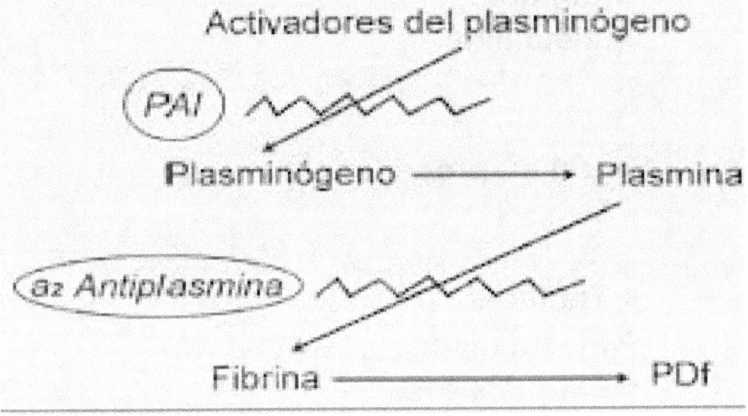

CLASIFICACIÓN DE LOS FACTORES DE COAGULACIÓN:

Según su naturaleza:

- ❖ Proteínas.
- ❖ Lípidos.
- ❖ Metálicos.

Según su procedencia:

- ❖ Titulares.
- ❖ Plasmáticos.
- ❖ Plaquetarios.
- ❖ Hepáticos.

Según su sensibilidad:

- ❖ Vitamina K dependiente.
- ❖ Sensibles a la trombina.

Según su función :

- ❖ Desencadenantes.
- ❖ De contacto.
- ❖ Enzimáticos.
- ❖ Estructurales.

ACTIVACIÓN DE LA COAGULACIÓN

La coagulación se puede activar desde dos vías diferentes denominadas vía intrínseca y vía extrínseca, comienzan por separado y se unen en el recorrido en un punto común que se denomina vía común.

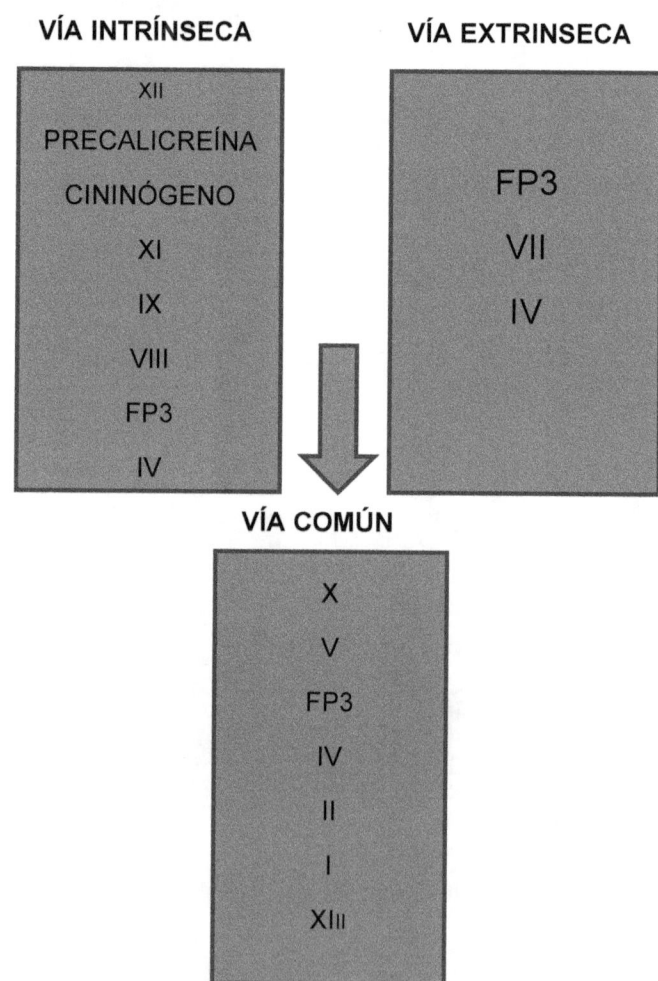

VÍA INTRÍNSECA

Se le denomina también vía endógena.

La lesión vascular, la membrana basal del endotelio o las fibras colágenas del tejido conectivo, proporcionan el punto de iniciación, estas cargas negativas activan el factor XII, en esta vía solo intervienen factores que se encuentran en la sangre.

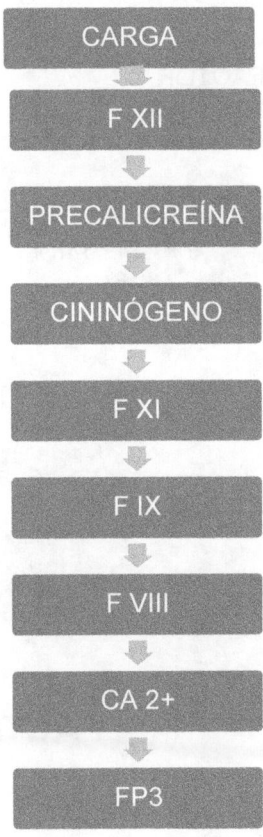

VIA EXTRÍNSECA

También denominada exógena, se inicia cuando la tromboplastina histica o factor tisular se libera por un traumatismo.

En esta vía intervienen factores ajenos a la sangre.

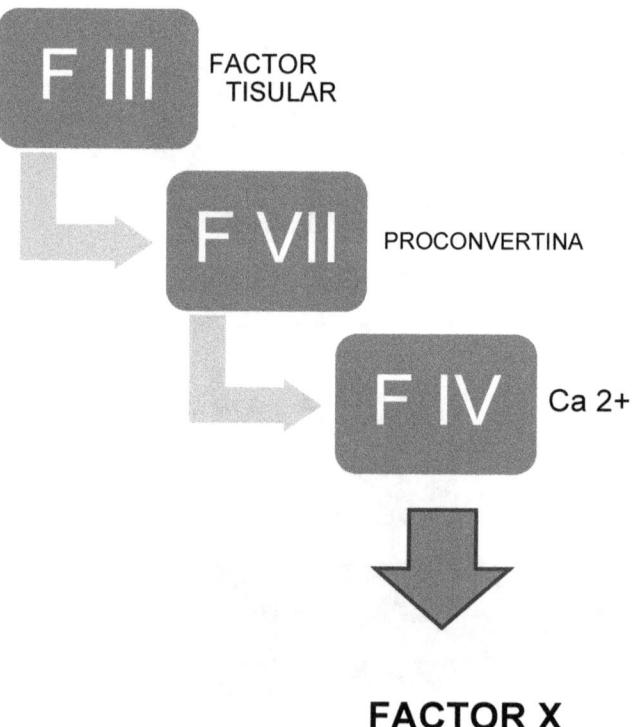

VÍA COMÚN

Esta vía se activa cuando, por cualquiera de las vías anteriores (intrínseca o extrínseca) se activa el factor X. Ambas vías confluyen en la llamada vía común. La vía común termina con la conversión de fibrinógeno en fibrina, y el posterior entrecruzamiento de la misma estabilizando el coágulo.

La vía común implica tres etapas:

.Formación de trombina.

.Formación de fibrina.

.Entrecruzamiento de la fibrina.

FACTOR I o FIBRINOGENO

El fibrinógeno es una proteína que se encuentra en el plasma sanguíneo y en menor cantidad en el interior de las plaquetas. Cuando se produce una herida se desencadena la transformación del fibrinógeno en fibrina gracias a la actividad de la trombina.

Presenta tres cadenas denominadas Aα, Bβ, y γ, siendo las dos primeras sensibles a la trombina y la tercera resistente, de esta forma cuando la trombina ataca al fibrinógeno se desprenden las cadenas A y B transformándose en un monómero de fibrina que presenta solo cadenas α, β, y γ°.

El rango normal es de 200 a 400 mg/dL (miligramos por decilitro).

Los resultados anormales se pueden deber :

- Uso excesivo de fibrinógeno (como en la coagulación intravascular diseminada).
- Deficiencia de fibrinógeno (adquirida después de nacer o congénita).
- Fibrinólisis.
- Hemorragia.

FIBRINOGENO ELEVADO	FIBRINOGENO DISMINUIDO
EDAD	AFIBRINOGENEMIA
SEXO	HIPOFIBRINOGENEMIA
ESTACIONES	ENFERMEDAD HEPATICA
EMBARAZO	DESCOMPENSADA
ANTICONCEPTIVOS ORALES	HEPATITIS VIRAL
MUJER POST-MENOPAUSICA	CID
REACCION DE FASE AGUDA	HEMODILUCION
CIGARRILLO	
EJERCICIO AGUDO	
MALIGNIDAD DISEMINADA	

TABLA 1.- Factores fisiológicos, patológicos y de estilo de vida que afectan los niveles de fibrinógeno(3)

FACTOR II o PROTROMBINA

La protrombina es una glucoproteina presente en el plasma sanguíneo y ausente en el suero.

Esta glucoproteina se sintetiza en el hígado y es vitamina K dependiente, su vida media es de 4-6 dias.

La protrombina se activa y da lugar la trombina gracias a un complejo denominado protrombinasa compuesto de los factores Xa, Va e iones de calcio. Y se inhibe por las antitrombinas y el fibrinopéptido A.

Acciones de la trombina una vez activada:

- Hidroliza la molécula de fibrinógeno.
- Hidroliza a la protrombina.
- Activar los factores V, VII, VIII y XIII.
- Formación de prostaglandinas (Las prostaglandinas son un conjunto de sustancias de carácter lipídico derivadas de los ácidos grasos de 20 carbonos (eicosanoides), que contienen un anillo ciclopentano y constituyen una familias de mediadores celulares, con efectos diversos, a menudo contrapuestos.).
- Liberación de ADP plaquetario.

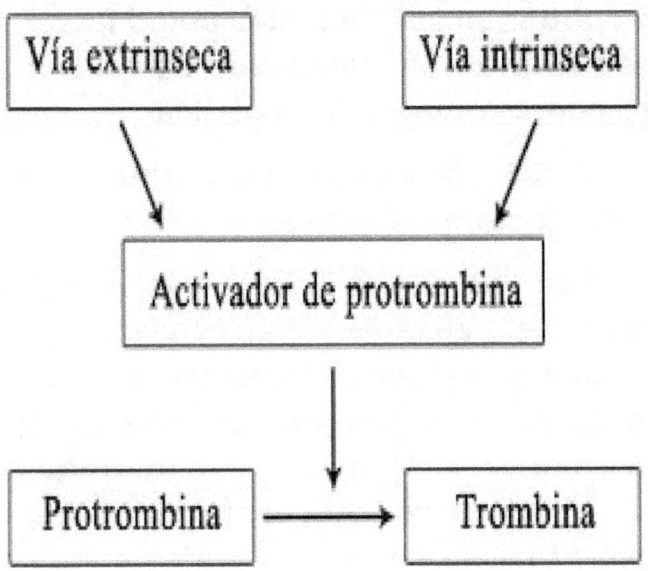

FACTOR III O TISULAR

Es una lipoproteína que podemos encontrar en las plaquetas como factor 3 plaquetario y en numerosos tejidos como tromboplastina tisular o hística.

El fp3 interviene en vía intrínseca y activa factores IX y X.

En condiciones fisiológicas, el factor tisular está ausente en las células endoteliales y por tanto no expuesto al contacto con la sangre. Sin embargo, cuando se produce la rotura de un vaso sanguíneo, por ejemplo a consecuencia de una herida, el factor tisular de los fibroblastos entra en contacto con la sangre, y además se expresa en las células endoteliales y en los monocitos.

El contacto del factor tisular con la sangre es el suceso que desencadena la cascada de coagulación por la vía extrínseca, un proceso mediante el cual el trombo o coágulo primario, formado por la agregación de las plaquetas sanguíneas y el fibrinógeno plasmático, se convierte en un coágulo secundario.

FACTOR IV o CALCIO

E factor IV es el calcio iónico (Ca++.)

Los iones de calcio actúan de cofactor en muchas reacciones enzimáticas, intervienen en el metabolismo del glucógeno, y junto al potasio y el sodio regulan la contracción muscular.

El Calcio es clave tanto en la vía extrínseca y la vía intrínseca activando los factores de coagulación.

En la vía intrínseca, el calcio es necesario para la activación del factor IXa y su formación con el cofactor VIII. Este complejo junto con una superficie de fosfolípidos y Calcio activa el factor Xa que en unión con el factor Va forman el complejo protrombinasa.

En la vía extrínseca, el calcio también es clave en la formación de ambos complejos – tenasa y protrombinasa- a partir de la unión del factor tisular o tromboplastina y el factor VIIa.

En la vía común, el calcio media el paso de protrombina a trombina junto con la enzima protrombinasa. Sin el calcio, la trombina no puede romper el fibrinógeno a monómeros de fibrina para formar coágulos.

Anticoagulantes como el citrato sódico o EDTA son capaces de unirse al calcio e inactivarlo. Por este medio disminuye la concentración de calcio que puede participar en la cascada de coagulación.

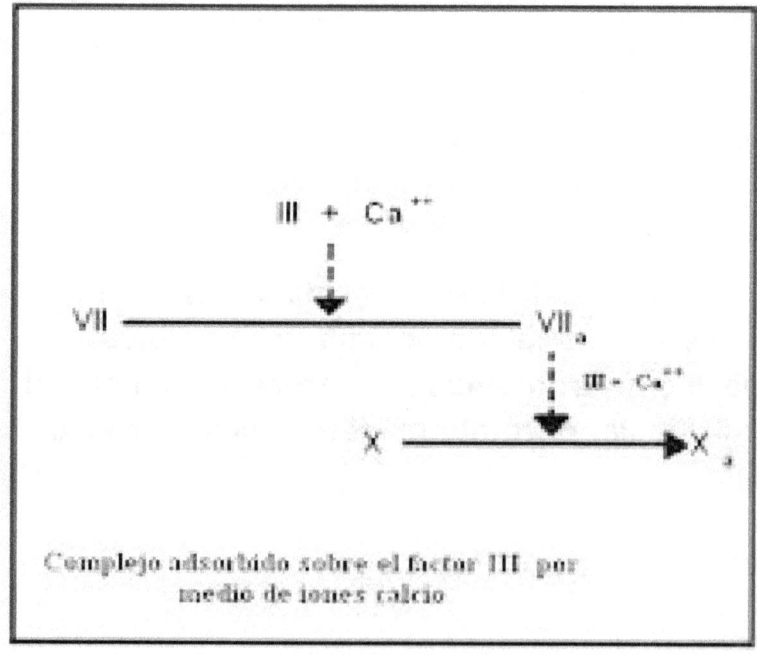

Complejo adsorbido sobre el factor III por medio de iones calcio

FACTOR V o PROACELERINA

Es una glucoproteina como factor lábil o proacelerina, se encuentra en el plasma y en los gránulos plaquetarios, no en suero.

El factor V no es enzimáticamente activo, sino que funciona como coafactor.

El factor V se une a las plaquetas activadas y se activa por la trombina. El factor V se activa como cofactor del complejo protrombinasa. El factor X activado (FXa) requiere del Calcio, del factor V y fosfolípidos para convertir la protrombina en trombina en la superficie de la membrana celular.

El factor Va se degrada por la acción de la proteína C activada, uno de los principales sistemas anticoagulantes. En presencia de trombomodulina, la trombina actúa para disminuir la coagulación mediante la activación de la proteína C. La proteína C activada se une entonces a la proteína S e hidroliza e inactiva los factores V y VIII (ambos cofactores enzimáticos). ciona como cofactor.

FACTOR VII o PROCONVERTINA

También denominado factor estable, es una glucoproteina sintetizada en el hígado, vitamina k dependiente. Se puede encontrar en suero o plasma.

Se activa (VIIa) por lo tromboplastina o factor tisular en la vía extrínseca de la coagulación sanguínea. La forma activa cataliza la activación del factor Xa que junto con el cofactor Va (complejo protrombinasa) y del factor IXa que junto con el factor VIIIa (complejo tenasa). El complejo protrombinasa actúa rompiendo la protrombina en trombina.

Deficiencia del factor VII: Es un trastorno hereditario poco común en el cual la falta de la proteína factor VII en el plasma lleva a que se presente sangrado anormal. Está causado por:

- **Enfermedad hepática severa**

☐ Uso de fármacos que inhiben la coagulación (anticoagulantes como warfarina)

☐ Deficiencia de vitamina K debido al uso prolongado de antibióticos, obstrucción de las vías biliares o absorción deficiente de vitamina K.

FACTOR VIII

Conocido también como antihemofílico A, es una glucoproteina presente en el plasma sanguíneo y actúa como cofactor en la cascada de la coagulación. Este factor se activa mediante la trombina

Esta glucoproteina presenta dos fracciones.

*Factor VIII-C: se sintetiza en el hígado, participa en la coagulación, es la fracción más pequeña.

Su función es cofactor de la vía intrínseca y activa el factor X.

Pacientes con alteraciones en esta fracción presentan hemofilia (trastorno hemorrágico hereditario).

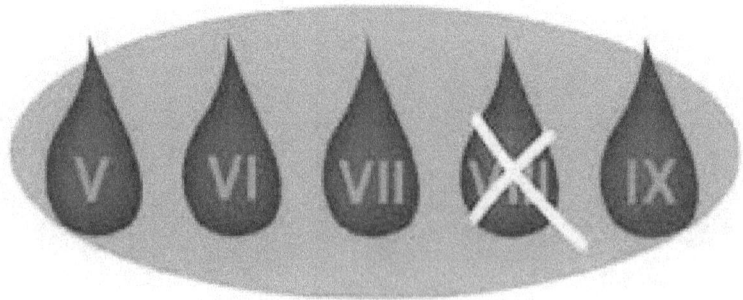

*Factor de Von Willebrand (VIII-Vw): es la fracción más grande, induce a la agregación plaquetaria, se sintetiza en los megacariocitos y en las células endoteliales de los vasos sanguíneos.

Su función es facilitar la agregación de los trombocitos, mantener los niveles de VIII-C y contribuir a la adhesión de las plaquetas en el endotelio vascular.

Los pacientes con alteraciones en esta fracción presentan la enfermedad de Von Willebrand.

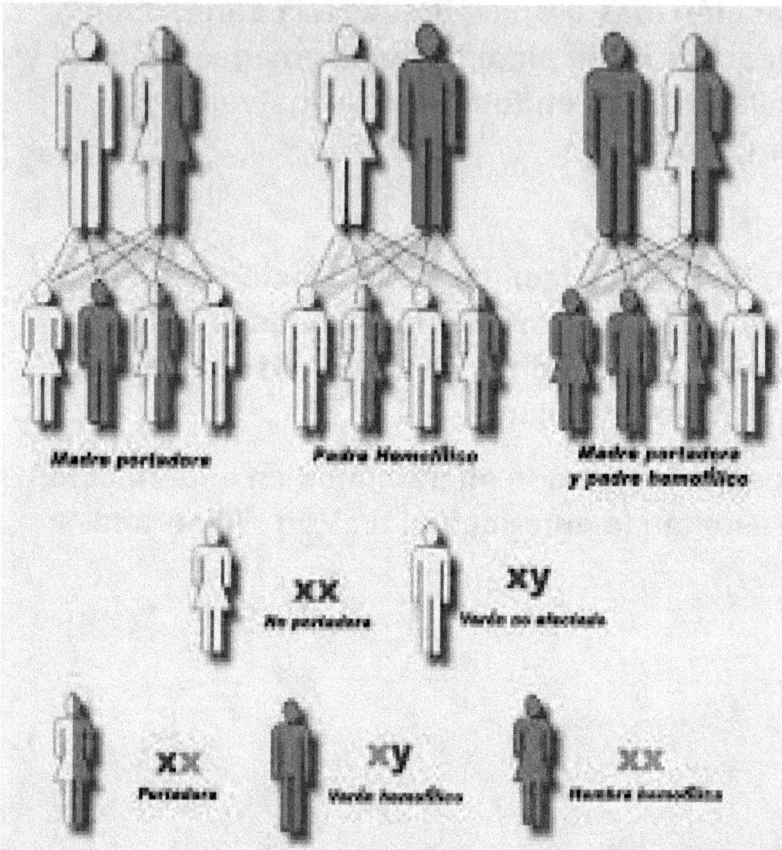

FACTOR IX

Denominado también factor de Christmas o antihemofílico b, se sintetiza en el hígado y es vitamina K dependiente. Lo podemos encontrar en suero y plasma.

Se sintetiza en el parénquima hepático al igual que la mayoría de los otros factores. También se conoce como componente de la tromboplastina plasmática (PTC).

Es activado por ambas vías de la coagulación :

*Vía intrínseca : factores XIa, IV y III.

*Vía extrínseca : factores VIIa, IV, TH.

Una vez activado interviene en la via intrínseca de la coagulación activando al factor X.

Una deficiencia en el factor IX de la coagulación causa hemofilia B. Una enfermedad caracterizada por hemorragias espontáneas debido a la deficiencia en la coagulación. Esta enfermedad se transmite de manera recesiva ligada al cromosoma x, lo que afecta principalmente al sexo masculino.

FACTOR X

Conocido como factor de Stuart-Prower, glucoproteina que se sintetiza en el hígado, vitamina k dependiente, se encuentra en suero o plasma sanguíneo. Cuando se activa, colabora en la activación de la protombina. Es el responsable de la hidrólisis de protrombina para formar trombina

Es activado en ambas vías de la coagulación:

*Via intrínseca: factores IXa, VIII- Ca, IV, FIII.

*Via extrínseca: factores VIIa, IV y TH.

La deficiencia del factor X a menudo es causada por un defecto en el gen de dicho factor que se transmite de padres a hijos. Esto se denomina deficiencia hereditaria del factor X. El sangrado varía de leve a intenso. Las mujeres con deficiencia del factor X pueden tener sangrados menstruales profusos y hemorragias después del parto.

SINTOMAS:

- Sangrado dentro de las articulaciones.
- Sangrado muscular.
- Sangrado de membranas mucosas.
- Sangrado nasal (epistaxis).

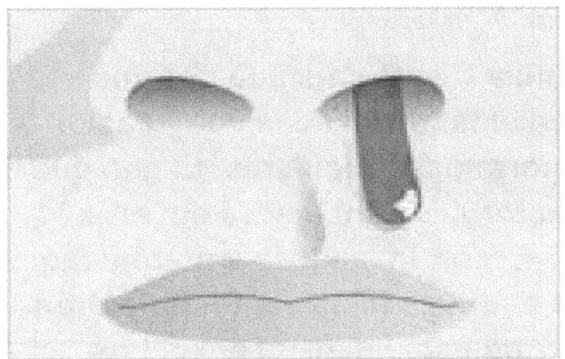

FACTOR XI

Es una glucoproteina que se localiza tanto en plasma como en suero, se sintetiza en el hígado y es conocido como un antecedente plasmático de la de la tromboplastina.

Se activa por el factor XIIa y una vez activado participa en la cascada de la coagulación, en la vía intrínseca, activando al factor IX.

La hemofilia C está causada por una deficiencia en el factor XI de la coagulación y no provoca hemorragias articulares. El gen que codifica el factor XI se encuentra en el cromosoma 4, por lo cual la enfermedad se transmite de padres a hijos según un patrón autosómico y no está ligada al sexo. Los síntomas pueden presentarse tanto en los individuos homocigóticos como en los heterocigóticos.

Se inhibe por la ATIII, α1-antitripsina y el C1 inhibidor.

FACTOR XII

Es una glucoproteina, que se encuentra en suero y plasma, también conocido como factor de Hageman. forma parte de la cascada de la coagulación activando el factor XI y la precalicreina.

Es un factor que forma parte de la vía intrínseca de inicio de la coagulación, siendo el primer factor activado tras el traumatismo sanguíneo. Cuando el factor XII se activa por entrar en contacto con el colágeno, adquiere otra configuración molecular y se convierte en factor XII activado o factor XIIa. Este factor actuará sobre el factor XI y a su vez lo activará.

La deficiencia del factor XII se trata de un trastorno hereditario poco común, que se transmite de manera autosómica recesiva. Provoca que la sangre tarde más tiempo de lo normal en coagularse. Generalmente no hay síntomas.

El factor XII se valora en la prueba del tiempo de tromboplastina parcial (TPP), que evalúa la vía intrínseca.

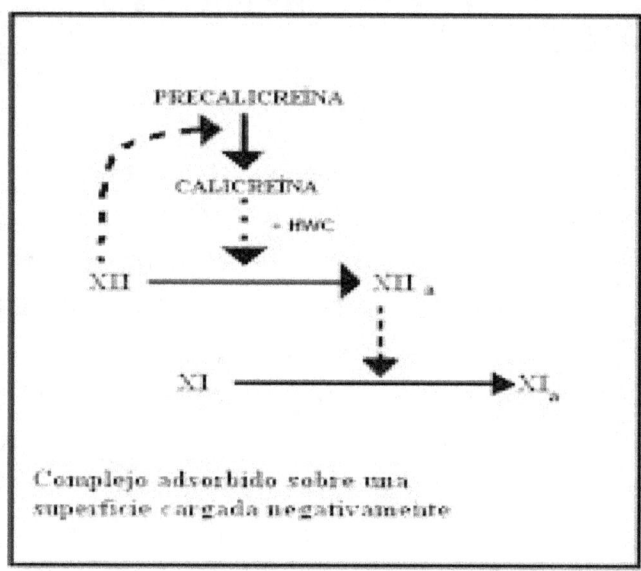

FACTOR XIII

Es una glucoproteina que podemos encontrar en el plasma, aparece también en suero pero en menor cantidad, también conocido como factor estabilizante de la fibrina.

Este factor cuando se activa gracias a la trombina se convierte en el factor XIIIa. Para ello requiere de la presencia de calcio como cofactor y su función consiste en estabilizar el coágulo de fibrina.

Su déficit origina una enfermedad autosómica recesiva. Los pacientes suelen sangrar en el período neonatal por el cordón umbilical o en la circuncisión. Además tendrán una mala cicatrización, un mayor índice de esterilidad y de abortos y muchas hemorragias intracerebrales.

FACTOR DE FITZGERALD

Es una glucoproteina que podemos encontrar en plasma e hígado, también conocido como quininógeno de alto peso molecular.

Enzima de alto peso molecular que puede ser necesaria para la interacción de los factores XII y XI en el proceso de coagulación.

El factor Fitzgerald parece desempeñar un papel en la fibrinólisis, producción de cinima, y permeabilidad vascular, además de intervenir en la coagulación.

Se sintetiza en el hígado y es un cofactor de la activacion de la precalicreína y el factor XI.

FACTOR FLETCHER

Es una glucoproteina que podemos encontrar en suero y plasma, también se le denomina precalicreina.

Es sintetizada en el hígado, se activa por el factor XIIa y el factor Fitzerald (quininógeno) convirtiéndose en calicreína, activando a su vez al factor XII.

Sus inhibidores son: a2- antiplasmina, C1 inhibidor y a2 macroglobulina.

El déficit del factor-Fletcher fue descrito por primera vez por Hathaway y colaboradores en 1965. Este defecto asintomático de la coagulación se caracteriza por un tiempo parcial de tromboplastina (APTT) alargado, tiempo de protrombina (PT) y tiempo de hemorragia normales. Es una alteración de la coagulación muy rara y clínicamente no significativa.

FACTORES INHIBIDORES DE LA COAGULACIÓN

La significación fisiológica de los mecanismos de control de la coagulación es obvia. Esta función requiere de un sistema balanceado de actividades procoagulantes y anticoagulantes.

Una vez activado el mecanismo de la coagulación, las reacciones se desarrollan a una velocidad vertiginosa. De manera que cuando se activa un factor el número de moléculas activadas en los sucesivos pasos aumenta aún mucho más, generándose suficiente cantidad de trombina, la enzima coagulante por excelencia.

Existen varios factores de inhibición para que todo funkcione de forma fisiológica correcta, estos mecanismos fisiológicos son:

Flujo sanguíneo

El continuo movimiento de la sangre por el torrente sanguineo nos sirve para diluir las concentraciones de los procoagulantes, asi como para arrastrar a pequeños trombos de fibrina formados en las paredes.

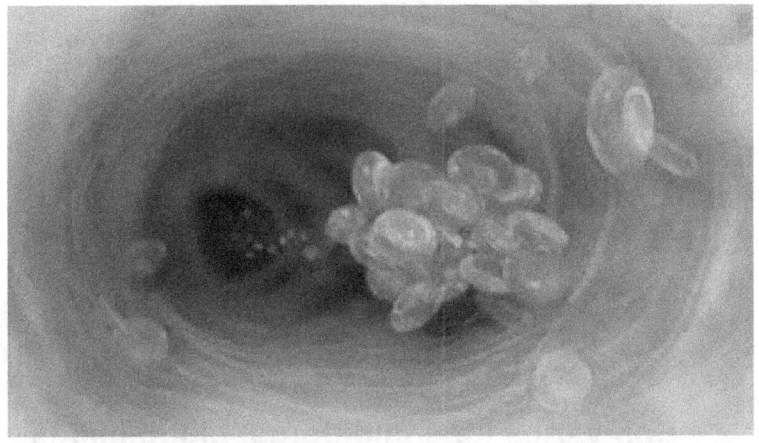

Eliminación de la circulación de los factores activados.

En este mecanismo intervienen diversos órganos, principalmente el hígado y diversos sistemas como el sistema reticuloendotelial.

El hígado es capaz de remover del plasma los componentes responsables de un estado de hipercoagulabilidad, tales como los factores activados de la coagulación a través de un sistema de macrófagos, en particular las células de Kupffer y también los macrófagos del bazo y la médula ósea suprimen la mayor parte de factores procoagulantes circulantes en un plazo de pocos minutos.

Factores bioquímicos

Son varios los inhibidores bioquimicos presentes en el plasma, inactivan algún factor determinado, cortanda la cascada de la coagulación.

*PROTEINA C :

La activa la trombina, vitamina k dependiente , se sintetiza en el hígado. Inhibe a los factores Va y VIIa.

Una vez activada la proteína C se acopla a otra proteína de este sistema, la proteína S, que normalmente es transportada por un componente del complemento, la proteína C4b; ahora el complejo proteína C-proteína S puede inactivar a los cofactores V y VIII por proteólisis limitada de las cadenas pesadas de ambas moléculas.

*PROTEINA S :

Proteína vitamina k dependiente, se sintetiza en el hígado. Es cofactor de la proteína C.

***ATIII :**

Glucoproteina plasmática, la AT III resulta ser el mayor inhibidor fisiológico de la trombina y del FXa. Es de síntesis hepática y su vida media es de alrededor de 50 horas.

Inhibidor de los factores: IXa, Xa, XIa y XIIa.

*α2- MACROGLOBULINA:

Sintetizada en el hígado, por fibroblastos y en el endotelio vascular, es una glicoproteína plasmática responsable de cerca del 25 % de la actividad antitrombínica, a través de su acción inhibitoria directa sobre la trombina.

Puede unirse también e inhibir simultáneamente en grado variable, a un gran número de proteasas fisiológicas importantes, como la plasmina, calicreína y otras. Se halla elevada durante el embarazo y en niños, de aquí su probable acción protectora contra la trombosis durante los primeros años de vida en los pacientes con déficit hereditario de AT III.

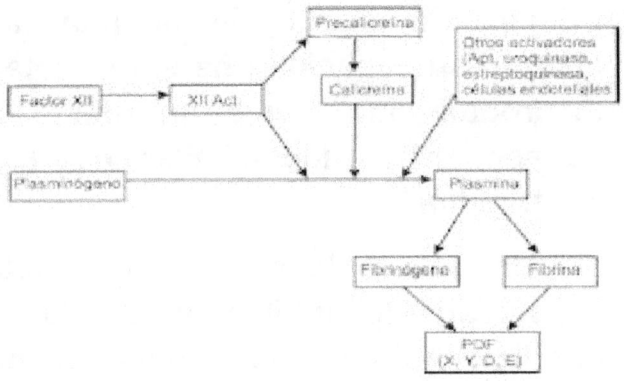

*α1- ANTITRIPSINA:

Es una glicoproteína de síntesis hepática de una sola cadena así como una proteasa de tipo serina de amplia especificidad: inhibe a la trombina, al F XIa y a la plasmina. Su principal sustrato es la elastasa leucocitaria. Su déficit, heredado en forma autosómica recesiva, no produce tendencia trombótica.

*α2-ANTIPLASMINA:

Glicoproteína de una cadena, es el principal inhibidor de la plasmina; sólo cuando su capacidad ha sido agotada, la a2 macroglobulina ejerce un efecto inhibidor subsecuente. Algo similar ocurre con la antitripsina.

Un déficit de ella o un defecto en su capacidad de inhibición de la plasmina condiciona una tendencia hemorrágica. Además de neutralizar a la plasmina, la a2 antiplasmina el plasminógeno a la fibrina y también actúa sobre el FXIIa, FXIa, trombina y calicreína.

*C1-INHIBIDOR:

Es una glicoproteína que inhibe los factores XIIa y XIa y a las calicreínas formando un complejo, además de actuar sobre el sistema del complemento.

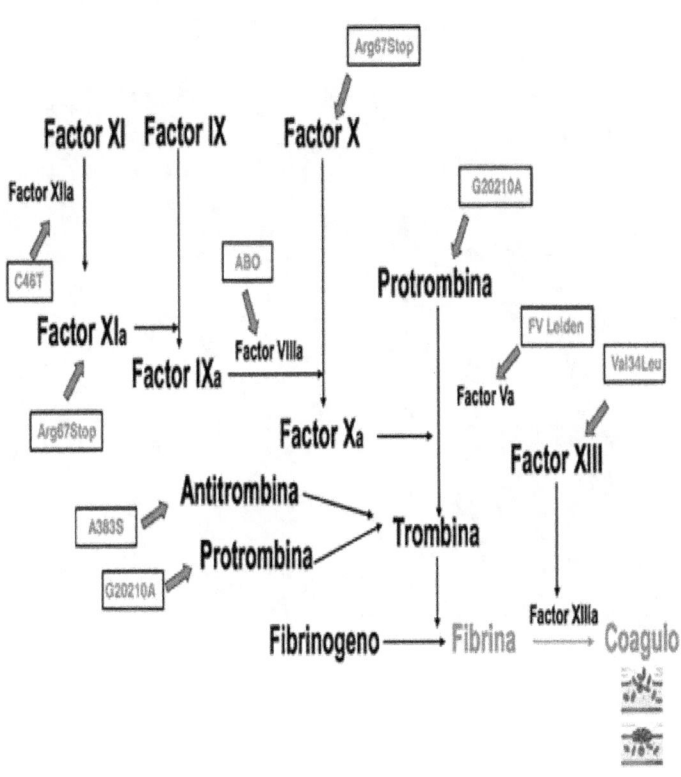

www.ingramcontent.com/pod-product-compliance
Lightning Source LLC
Chambersburg PA
CBHW072304170526
45158CB00003BA/1175